여러분의 가슴에서 뛰고 있는 심장은 아주 오래전부터, 엄마 배 속에 있을 때부터
뛰고 있었어요. 손목과 다리, 목과 이마에서도 맥박을 만질 수 있는데, 모두가 심장에서
피를 보내기 때문이에요. 건강한 심장이 있기 때문에 재미있는 놀이도 하고
달리기와 수영도 할 수 있어요. 잠을 자는 시간에도 심장은 뛰고 있지요.
부지런하고 힘이 센 심장은 힘들어하지도 않고 우리가 즐겁게 생활하는 것을
도와주고 응원하고 있답니다. 자, 이제 심장에 대해서 좀 더 알아볼까요?

_ 서정욱(심장박물관장, 서울대학교 명예교수)

지은이 **레미 코왈스키**
멜버른대학교 의학과를 졸업하고 멜버른왕립어린이병원과 런던왕립브롬톤병원에서 수련했습니다.
암스테르담 AMC병원에서 박사학위를 받고 멜버른어린이심장클리닉에서 전문의로 일하고 있습니다.
어리고 약하지만 때로는 어른보다 강인한 어린이들과 하루하루를 보내며, 그들의 끝없는 질문에 답을 하는 의사입니다.

그린이 **토니아 콤포스토**
오스트레일리아 멜버른에서 활동하는 그림책 작가이자 그래픽 디자이너입니다. 광고, 상품 디자인, 공공 미술 등
다양한 분야에서 일하고 있습니다. 어린이를 위한 일러스트 미니 잡지 《고고진》을 직접 발행하고 있습니다.

옮긴이 **김소정**
대학교에서 생물학을 전공했으며, 과학과 역사를 좋아하는 번역가입니다. 오랫동안 번역을 하고 싶다는 바람으로
꾸준히 독서 모임과 번역 공부를 하고 있습니다. 옮긴 책으로 《원더풀 사이언스》《아주 사적인 은하수》
《우리를 방정식에 넣는다면》《길 위의 수학자》《다정한 수학책》《사라진 지구를 걷다》《허즈번드 시크릿》 등이 있습니다.

나의 첫 생명과학 ❷

심장이 궁금해

초판 1쇄 발행 2025년 2월 10일

지은이 레미 코왈스키 | **그린이** 토니아 콤포스토 | **옮긴이** 김소정 | **디자인** 나비
펴낸이 염미희 | **펴낸곳** 모알보알 | **제조국** 대한민국 | **사용연령** 5세 이상
출판등록 2023년 3월 9일 제386-2023-000023호 | **주소** 경기도 부천시 부흥로356번길 29
전화 070-8222-6991 | **팩스** 070-7966-2879 | **이메일** moalboalbook@gmail.com

ISBN 979-11-985713-9-7 74470
ISBN 979-11-985713-7-3 74470 (세트)

KC마크는 이 제품이 공통안전기준에 적합했음을 의미합니다. 책 모서리에 다치치 않게 주의하세요.

심장이 궁금해

레미 코왈스키 글 | **토니아 콤포스토** 그림 | **김소정** 옮김

모알보알

심장은 마음을 상징하는 동시에, 생명을 상징해요.

심장은 우리 몸에서 가장 중요한 기관 가운데 하나예요. 가슴 한가운데 있어요.

두 사람이 꼭 끌어안으면 두 심장이 살짝 맞닿아요.

심장은 맡은 일이 있어요. 온몸으로 **피**를 돌게 하고,
근육과 모든 기관에 에너지를 전해 줘요.

거의 모든 동물은 심장이 있어요.

사람, 포유류, 조류, 파충류, 양서류, 곤충 모두 심장이 있어요.

심장이 여러 개인 동물도 있어요. 문어는 3개,
먹장어는 4개, 지렁이는 5개나 있어요!

그런데 심장이 아예 없는 동물도 있어요. 해파리와 불가사리가 그래요!

심장의 크기는 다양해요.

총채벌의 심장이 가장 작아요. 너무 작아서 현미경으로 보아야 해요.

그럼 심장이 가장 큰 동물은 누구일까요?
바로 **대왕고래**예요!

대왕고래의 심장은 무게가 500킬로그램이나 돼요.
정말 거대하지?
길이는 사람 어른만 해요!
오~
우아!
사람의 심장 크기는
주먹 쥔 손과 비슷해요. 자라면서
몸의 다른 부분이 커지는 것처럼
심장도 커져요.
세상에!

심장을 보호해야 해요.

우리는 심장과 폐가 있어서 호흡할 수 있어요.
둘 다 아주 말랑해서 보호해 주어야 해요(뇌도 마찬가지죠).

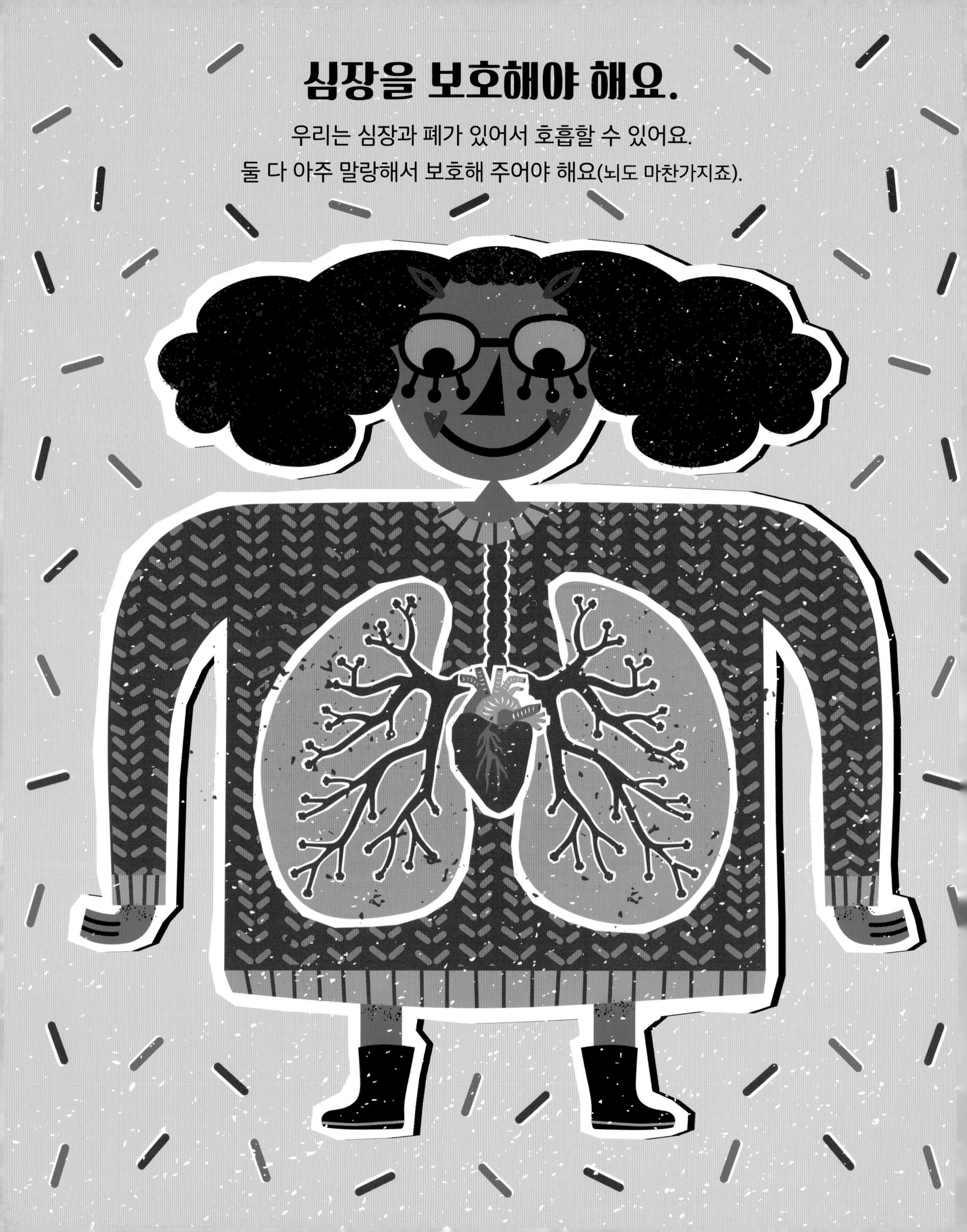

다행히 단단한 **갈비뼈**가 우리 가슴을 둘러싸고 있어요.

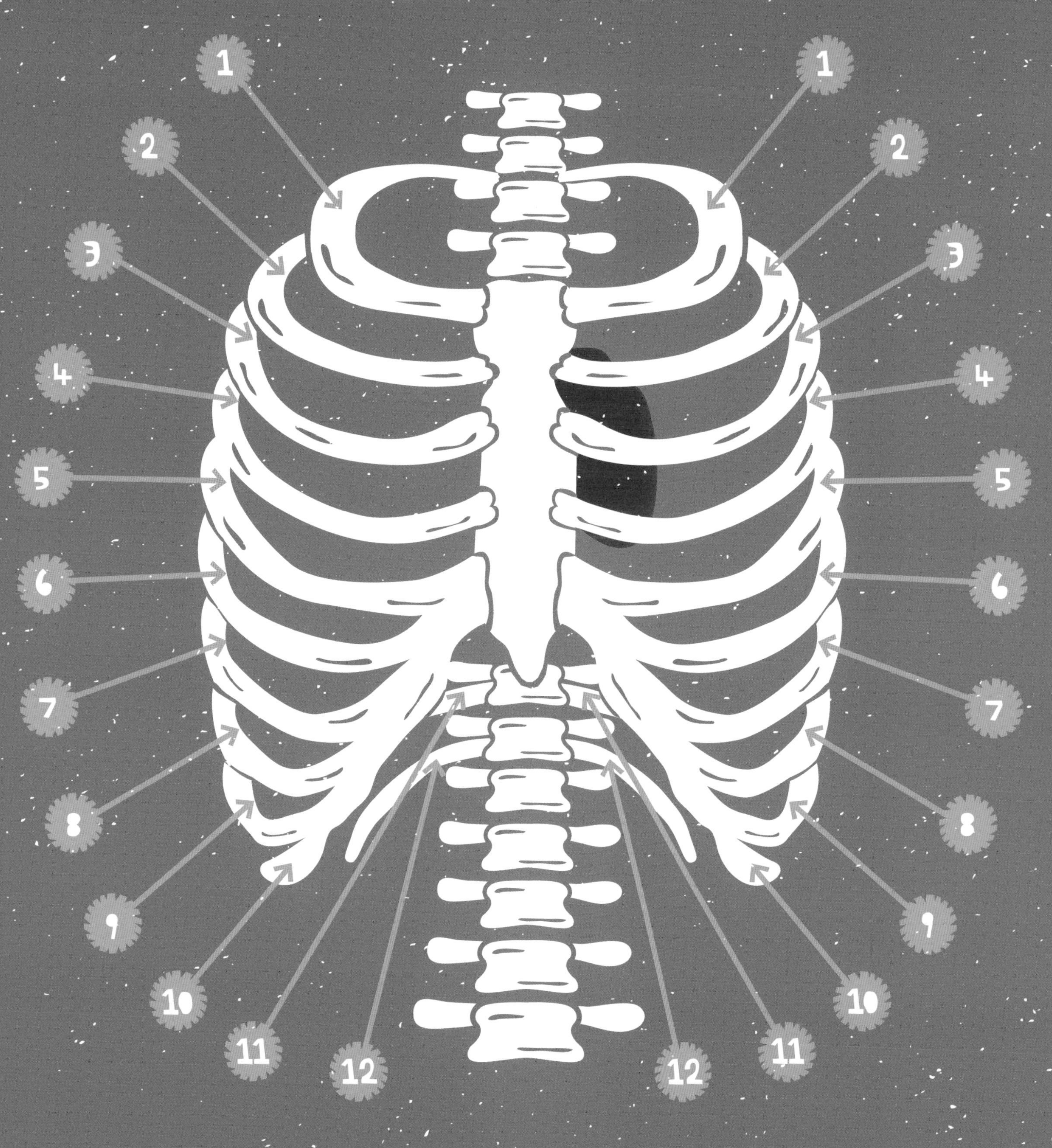

양쪽에 각각 12개씩 있는 갈비뼈는 심장과 폐를 보호해요.
갈비뼈가 한 개 부러지거나 다쳐도 심장은 안전하지요.

심장은 어떻게 일할까요?

심장은 **펌프**처럼 작동해요. 물이 아니라 피를 순환시켜요.

피는 음식에서 얻은 에너지와 비타민, 공기에서 얻은 산소를
온몸으로 운반해 주는 역할을 해요.

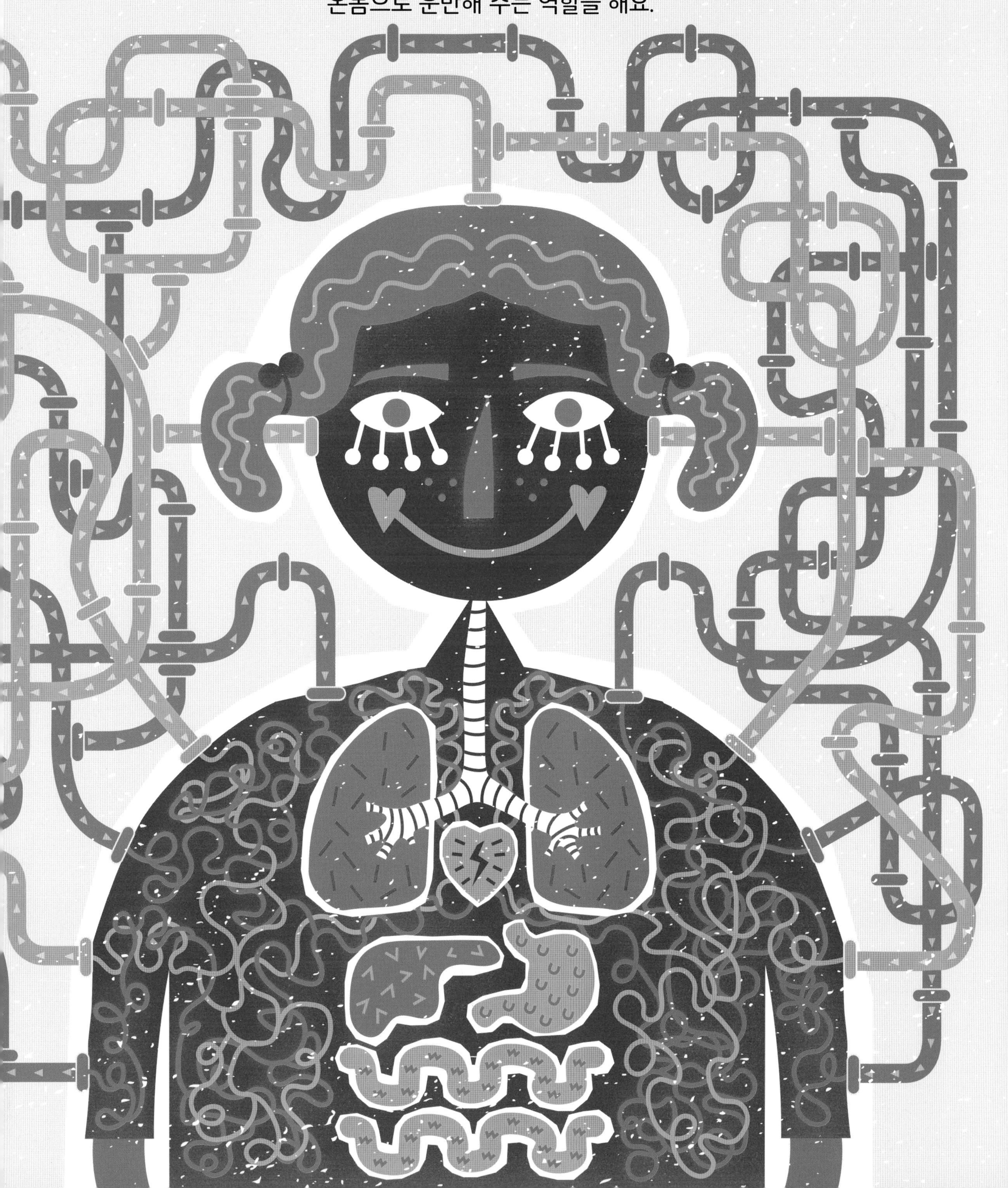

심장 안에는 무엇이 있을까요?
방이 4개? 아니면 2개?

사람은 포유류, 새는 조류예요. 포유류와 조류의 심장에는 방이 4개 있어요.
위에서 피를 모으는 방 2개는 **심방**이에요. 아래에서 펌프질하는 방 2개는 **심실**이에요.

그런데 모든 동물의 심장에 방이 4개 있는 건 아니에요.
파충류와 양서류는 방이 3개예요(피가 모이는 방 2개와 펌프 하나가 있어요).

어류의 심장에는 방이 2개밖에 없어요. 지렁이는 심장이
5개나 있지만, 심장마다 방은 한 개만 있어요.

재미있는 사실

사랑을 나타내는 하트 모양은
사실 사람처럼 방이 4개인
동물의 심장이 아니라,
뱀처럼 방이 3개인 동물의
심장과 비슷하게 생겼어요!

피는 모두 어디로 가나요?

심장에는 방이 4개 있다는 거 기억하죠? 각 방은 저마다 하는 역할이 있어요.

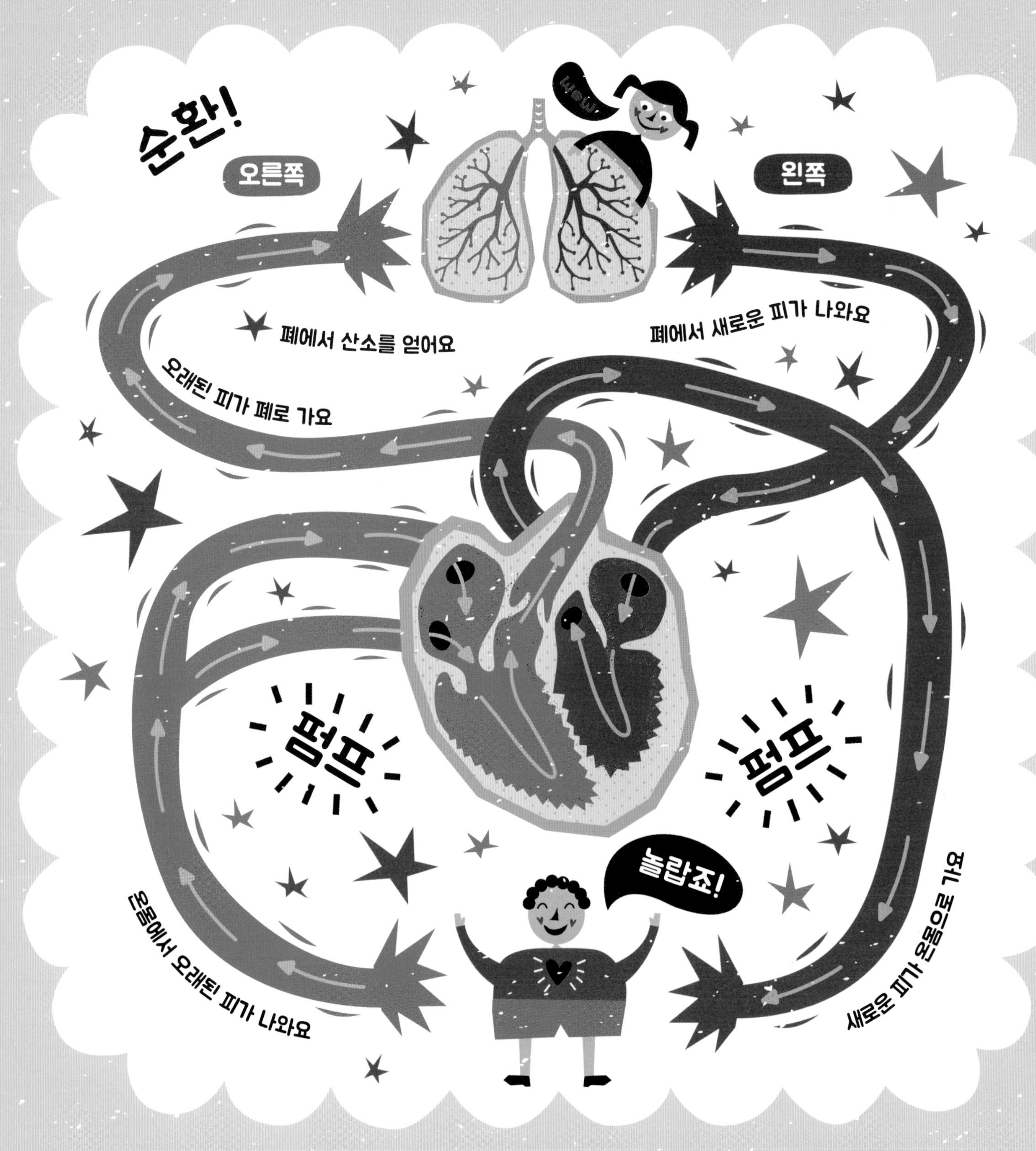

온몸을 돌고 온 오래된 피가 오른쪽 심방으로 들어가면 오른쪽 펌프가 그 피를 폐로 보내 줘요. 폐에서 산소를 가득 받은 새로운 피는 왼쪽 심방으로 돌아가고, 그 피를 왼쪽 펌프가 온몸으로 보내요.

심장 속에는 **판막**이 4개 있어요. 판막은 문과 같은데,
피가 잘못된 방향으로 가지 못하도록 한쪽으로만 열려요.

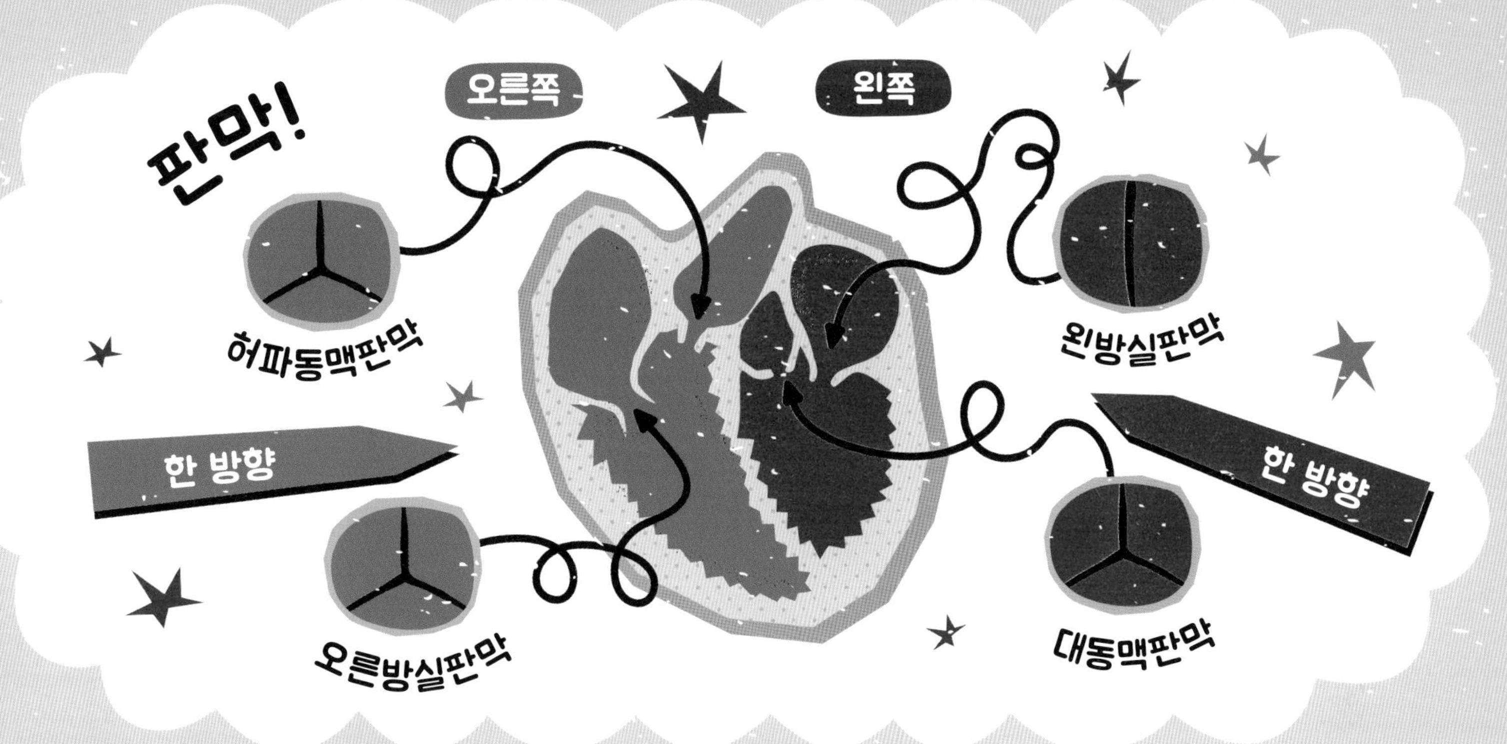

심장의 왼쪽에서 새로운 피가 나오는 혈관을 **동맥**이라고 해요.
온몸에서 온 오래된 피를 심장으로 넣어 주는 혈관은 **정맥**이에요.

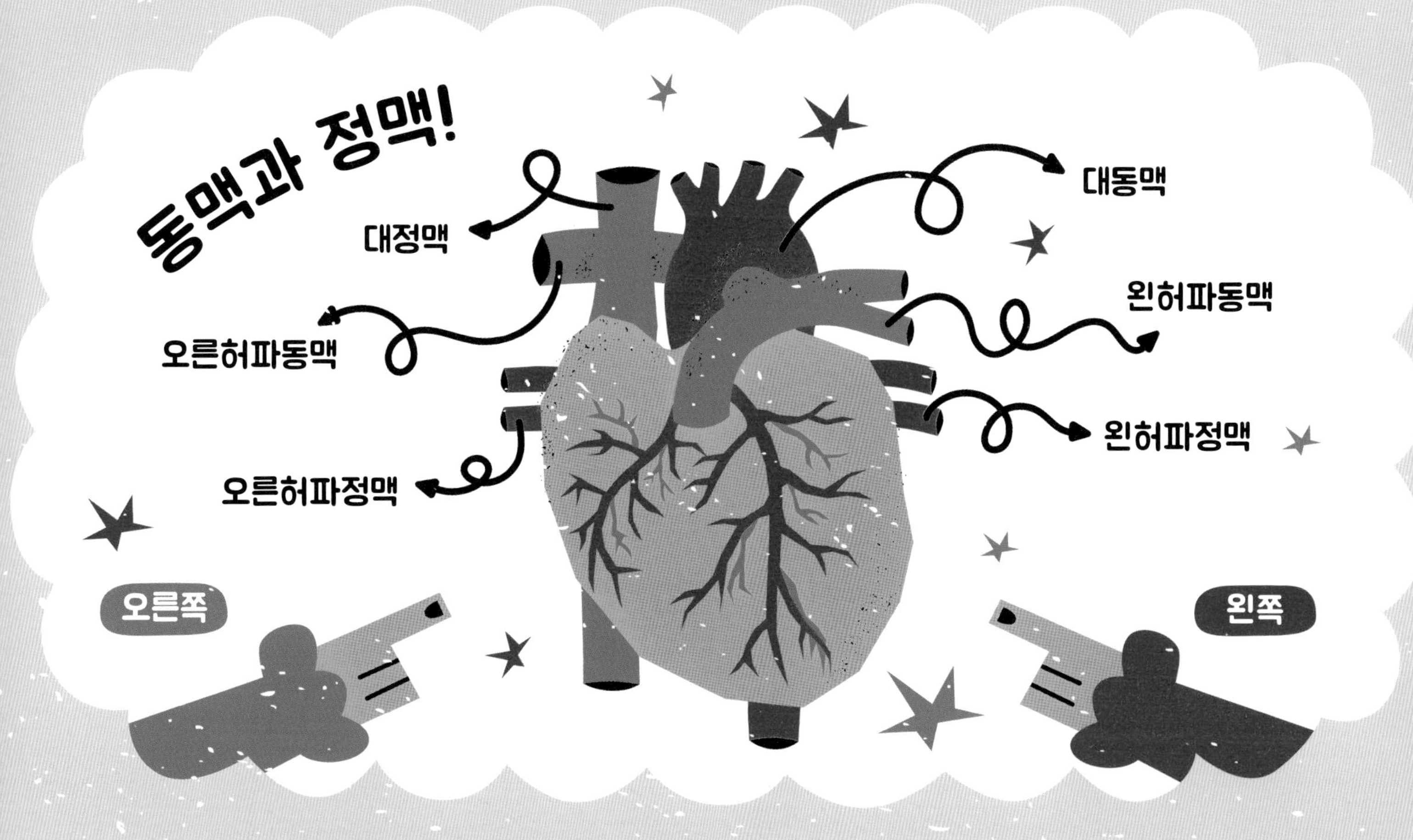

심장이 북처럼 둥둥 울리는 것 같아요.

심장은 1분 동안 여러 번 방을 꾹 눌러서 피를 심장 밖으로 내보내요.
그래서 **맥박**이 생기죠.

어른의 심장은 1초에 한 번 방을 꾹 누르고, 아이의 심장은 60초에 100번 방을 꾹 눌러요.
아이의 심장은 하루에 15만 번이나 펌프질을 해요!

코끼리는 1분에 30번 펌프질을 하지만 아메리카피그미뒤쥐는 1분에 1500번 펌프질을 해요.

맥박을 재면 심장이 뛰는 횟수를 알 수 있어요. 엄지손가락을 손목 안쪽에 대 보세요.
맥박이 한 번 느껴질 때마다 심장이 한 번 오그라드는 거예요.

의사들은 왜 늘 심장 소리를 들어요?

청진기를 가슴에 대면 심장 소리가 들려요. 심장 소리를 들으면 피가 어떻게 흐르는지 알 수 있고, 심장이 얼마나 규칙적으로 뛰고 있는지도 알 수 있어요.

그럼 심장의 건강 상태를 알 수 있지요.

심장은 감정을 느끼나요?

심장은 가슴 한가운데 있기 때문에 실제로 몸의 한가운데 있다고 할 수 있어요.
아주 강한 감정을 느끼면 심장이 저릿해져요.

하지만 사실 심장은 감정을 느낄 수 없어요. 감정을 느끼고 생각을 하는 건 뇌예요.

심장이 정말로 부서질 수 있나요?

여러분은 부서진 심장 그림을 봤을 수도 있지만, 사실 심장은 둘로 쪼갤 수 없어요.
하지만 몸의 다른 모든 부분처럼 아플 수는 있어요.

나이가 들면 심장 근육이 약해지고 동맥이 막힐 수 있어요.
판막도 느슨해지거나 딱딱해질 수 있고요.

다행히 의사들에게는 아프고 약해진 심장을 고칠 방법이 많아요.
심장이 약하면 약을 먹거나 수술하고, 특별한 기계의 도움을 받을 수도 있어요.

심장은 어떻게 관리해요?

심장을 돌보는 방법은 아주 쉬워요. 좋은 음식을 먹고, 물을 많이 마시고, 운동을 하면 돼요.

이미 많은 아이들이 그렇게 하고 있어요.

또, 의사 선생님을 만나 진찰을 받으면
건강을 지킬 수 있어요.

심장도 쉬나요?

재채기할 때 심장이 쉰다고 생각하는 사람도 있어요. 하지만 그건 사실이 아니에요.

그런데 심장이 뛰는 속도는 늘 달라져요. 빨라지기도 하고 느려지기도 해요. 숨을 들이마시고 내뱉을 때도요.

아주아주 고요한 상태를 유지하려고 심장이 느리게 뛰도록 훈련하는 사람들도 있어요.

달릴 때 심장은 무슨 일을 하나요?

운동을 하면 근육은 훨씬 많은 에너지가 필요해요. 그래서 심장이 펌프질을 훨씬 강하게 많이(빠르게) 해야 해요.

운동할 때 심장이 가장 빨리 뛰는 사람은 아이들이에요.
가장 강하게 뛰는 사람은 운동선수들이고요.

심장은 평소보다 다섯 배나 열심히 일할 수 있어요. 그래서
친구들에게 뒤지지 않고 달릴 수 있는 거예요.

심장이 멈추면 어떻게 되죠?

심장이 정말로 멈춰 버리면 구급대원과 간호사, 의사가 심장이 다시 뛰도록 도와줄 거예요.

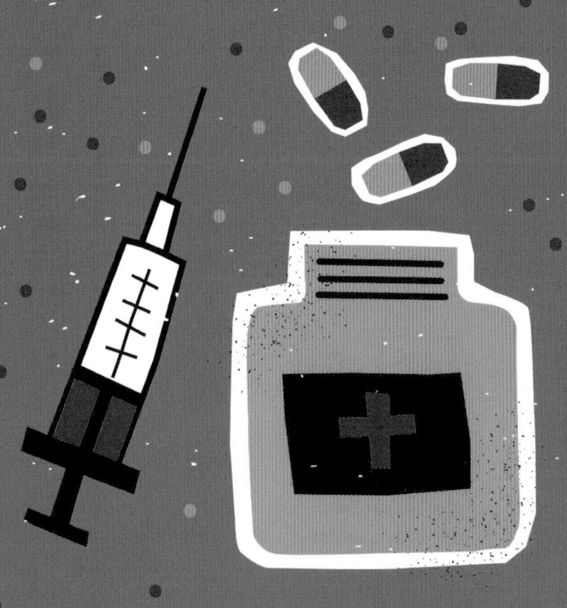

하지만 삶의 마지막 순간에는 결국 심장도 몸의 다른 부분들처럼 멈출 거예요.

하지만 우리는 대부분 아주 오랫동안,
심장이 멈춘다는 걱정은 하지 않아도 돼요.

심장은 정말 놀라운 신체 기관이에요.
아주 잘 돌봐 줘야 하죠. 너무나도 열심히 일하고 있으니까요.

이제부터는 누군가를 안아 줄 때면 두 사람이
심장을 맞대고 있다는 걸 기억하세요.

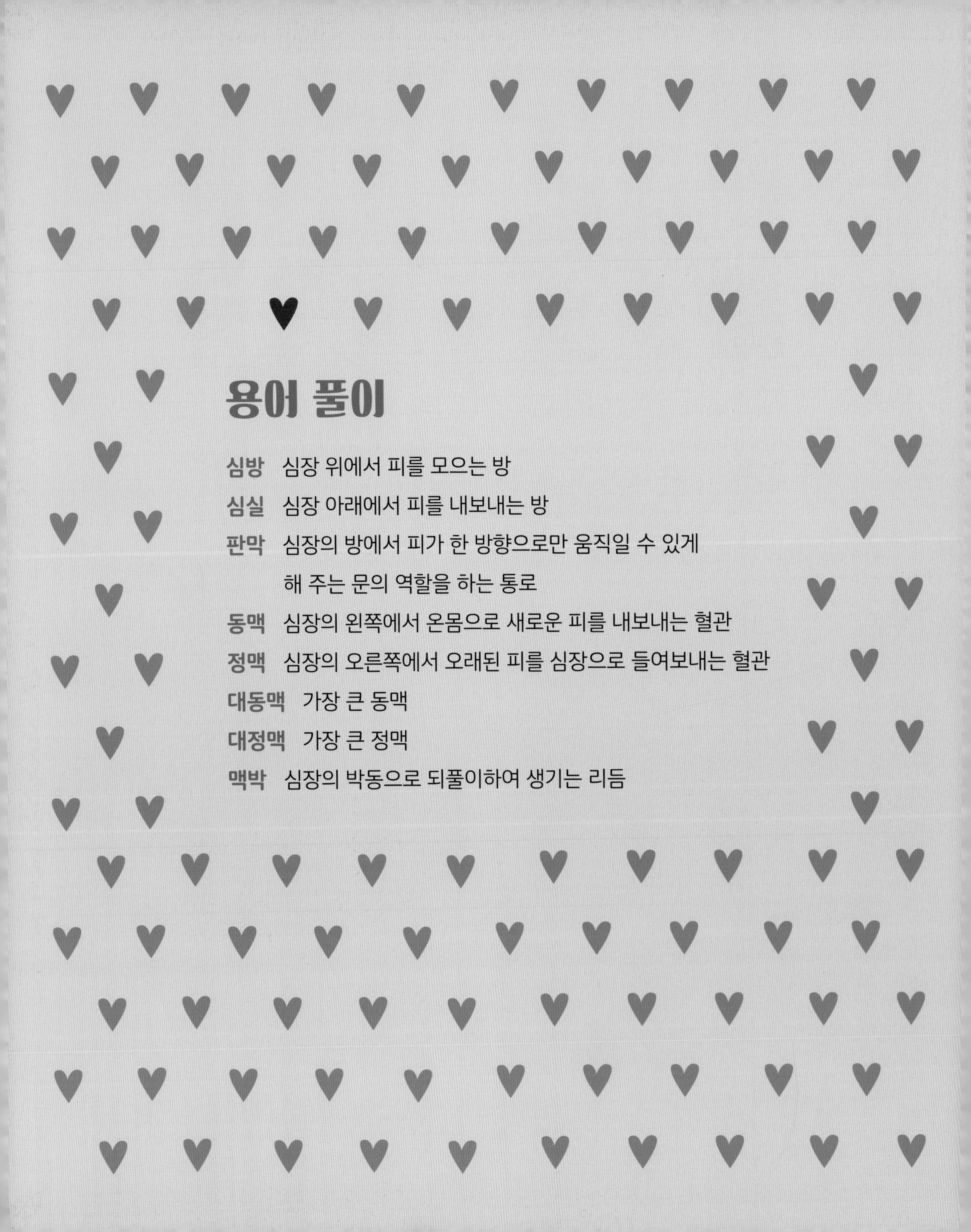

용어 풀이

심방 심장 위에서 피를 모으는 방

심실 심장 아래에서 피를 내보내는 방

판막 심장의 방에서 피가 한 방향으로만 움직일 수 있게 해 주는 문의 역할을 하는 통로

동맥 심장의 왼쪽에서 온몸으로 새로운 피를 내보내는 혈관

정맥 심장의 오른쪽에서 오래된 피를 심장으로 들여보내는 혈관

대동맥 가장 큰 동맥

대정맥 가장 큰 정맥

맥박 심장의 박동으로 되풀이하여 생기는 리듬